SITZUNGSBERICHTE DER DEUTSCHEN AKADEMIE
DER WISSENSCHAFTEN ZU BERLIN

Klasse für Mathematik, Physik und Technik

Jahrgang 1963 Nr. 1

MAX STEENBECK · FRITZ KRAUSE
KARL-HEINZ RÄDLER

ELEKTRODYNAMISCHE EIGENSCHAFTEN TURBULENTER PLASMEN

Mit 11 Abbildungen

AKADEMIE-VERLAG BERLIN
1963

Vorgetragen in der Sitzung der Klasse für Mathematik,
Physik und Technik vom 21. Juni 1962
Zum Druck genehmigt am gleichen Tage, ausgegeben am 30. Januar 1963

Erschienen im Akademie-Verlag GmbH, Berlin W 8, Leipziger Straße 3—4

Lizenznummer: 202 · 100/514/63
Gesamtherstellung: VEB Druckerei „Thomas Müntzer“ Bad Langensalza
Bestellnummer: 2010/63/I/1 · ES: 18 B 7 · Preis: DM 2,80

Die Erscheinungsform der Materie, die die Physiker Plasma nennen, tritt in so mannigfacher Art auf, daß es wohl sinnvoll ist, zunächst einige charakteristische Eigenschaften des nicht turbulenten Plasmas in einer kurzen Form durch viele Größenordnungen vorzuführen. Das ist auch deswegen zweckmäßig, weil ein wesentlicher Teil dieses Vortrages astrophysikalische Probleme behandeln soll und dabei schon ein gewöhnliches Plasma zum Teil überraschende Eigenschaften zeigt.

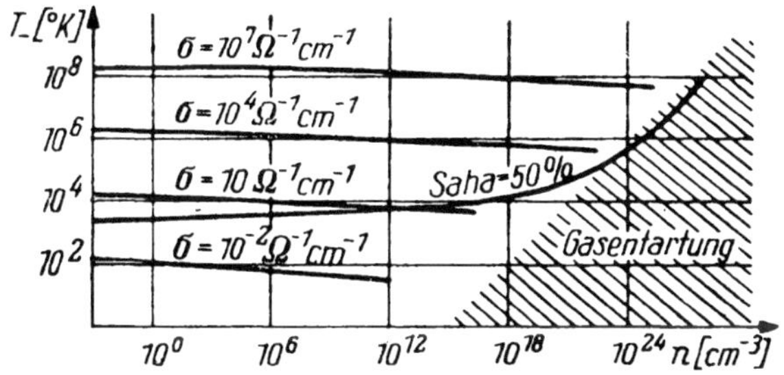

Abb. 1. Elektrische Leitfähigkeit des Plasmas in Abhängigkeit von Konzentration und Elektronentemperatur

In Abb. 1 sind in einem Diagramm mit der Elektronenkonzentration als Abszisse und der Elektronentemperatur als Ordinate Kurven konstanter elektrischer Leitfähigkeit im üblichen phänomenologischen Sinn eingezeichnet.[1]) Als Plasma ist quasi-

---

[1]) Die Zusammenstellung der in Abb. 1 bis 4 dargestellten Eigenschaften des Plasmas verdanken wir Herrn Dipl.-Phys. H. B. VALENTINI aus unserem Institut.

neutraler, vollständig in Elektronen und Protonen dissoziierter Wasserstoff angenommen.

Die Elektronenkonzentration geht dabei von etwa 1 cm^{-3} — das entspricht etwa der Dichte der interstellaren Materie innerhalb der Galaxis — bis etwa 10^{24} cm^{-3}, wie sie als mittlere Dichte in der Sonne vorliegt.

Die Elektronentemperatur reicht von 10^2 bis zu einigen 10^8 °K, also etwa bis zu den Temperaturen, wie wir sie einmal für die nützliche Wasserstoff-Fusion erreichen müssen.

In dem schraffierten Gebiet rechts ist das Elektronengas entartet; es liegt weit genug außerhalb des hier interessierenden Bereiches und kann daher unbeachtet bleiben. Die angenommene vollständige Ionisation des Wasserstoffes ist nur oberhalb der Kurve „Saha 50%“ einigermaßen korrekt, die den Zusammenhang zwischen Teilchendichte und Temperatur für 50%ige Ionisation im thermischen Gleichgewicht angibt. Aber auch unterhalb dieser Grenze werden wir oft mit einer Ionisation rechnen können, die stärker ist als es dem thermischen Gleichgewicht entspricht, weil z. B. die interstellare Materie durch Wellen- und Korpuskularstrahlung aus benachbarten äußeren Quellen laufend neu ionisiert wird.

Die Parameterwerte der eingezeichneten Kurven beginnen bei der Leitfähigkeit von mittelgut leitenden Elektrolyten und reichen bis zu der hundertfachen von Kupfer. Die Leitfähigkeit ist fast unabhängig von der Plasmadichte. Das hängt mit der den Rechnungen zugrunde gelegten Annahme einer vollständigen Dissoziation in freie Elektronen und Protonen zusammen. Je weniger Elektronen — und damit auch Protonen — in der Volumeneinheit vorhanden sind, desto seltener wird jedes Elektron auf seinem Flug von Protonen gestreut, dem einzigen Hindernis, das den freien Elektronenflug hemmt. Die Leitfähigkeit nimmt dagegen mit steigender Elektronentemperatur stark zu: Je höher nämlich diese Temperatur ist, um so geringer ist die Ablenkung der Elektronen in den COULOMB-Feldern der Protonen.

Es erscheint zunächst absurd, dem „leeren“ interstellaren Raum, der in der Volumeneinheit etwa 1 Billion Mal weniger Materie enthält als wir in sehr guten Vakua auf der Erde erreichen können, derartig große ohmsche Leitfähigkeiten zuzuschreiben; für unsere Vorstellungen ist der leere Raum doch gerade der beste Isolator. Tatsächlich gibt es auch einige sehr wichtige Unterschiede gegenüber der Stromleitung etwa in Kupfer. In den uns gewohnten Leitern ist der Strom praktisch in demselben Augenblick in seinem Gleichgewichtswert vorhanden, in dem die treibende Feldstärke auftritt; das liegt an der großen Wechselwirkung zwischen den bewegten Ladungsträgern und der durchströmten Materie. In den extrem dünnen Plasmen kann es aber sehr lange Zeit dauern, bis sich in einem elektrischen Feld die Gleichgewichtsströmung der freien Elektronen einstellt.

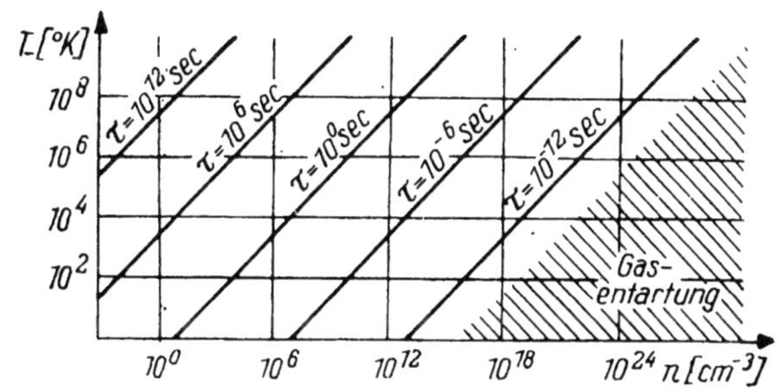

Abb. 2. Einstellzeit des elektrischen Stromes im Plasma in Abhängigkeit von Konzentration und Elektronentemperatur

Abb. 2 zeigt die für die Einstellung dieses Gleichgewichtes erforderlichen Zeiten. Diese Einstellzeit des Stromes, die also nicht etwa durch Induktivitäten, sondern nur durch den Mechanismus des Ladungstransportes bedingt ist, geht hier von 10^{-12} bis zu 10^{+12} Sekunden. Um den Begriff „Leitfähigkeit“ im üblichen Sinne anwenden zu können, müssen dann auch die

Lineardimensionen des betrachteten Plasmavolumens so groß sein, daß die Elektronen mindestens während dieser Zeit dem Feld folgen können, ohne das vom Plasma erfüllte Gebiet zu verlassen. Es sind also nicht nur große Einstellzeiten, sondern auch sehr große Räume nötig, um bei sehr dünnen Plasmen mit ohmschen Leitfähigkeiten im üblichen Sinn rechnen zu dürfen; beide Bedingungen sind im interstellaren Raum erfüllt, aber sehr häufig nicht bei irdischen Versuchen.

Ein im Plasma irgendwie einmal entstandenes Magnetfeld klingt, wenn man es sich selbst überläßt, mit der sich aus dieser Leitfähigkeit und den Lineardimensionen ergebenden elektrodynamischen Zeitkonstanten ab, und für diese ist im interstellaren Raum selbst eine Einstellzeit des Elektronenstroms von 10^{12} Sekunden ein lächerlich kurzer Augenblick. — Auch hinsichtlich der Größe der zulässigen elektrischen und magnetischen Felder ist der Begriff „Leitfähigkeit eines vollständig ionisierten Plasmas" an obere Grenzen gebunden. Wenn die Elektronen von einem elektrischen Feld durch das Plasma getrieben werden, nehmen sie Energie auf. Für diese schneller gewordenen Elektronen nimmt damit der COULOMB-Streuquerschnitt der Protonen ab; die Elektronen werden also in ihrem weiteren Flug weniger gehemmt. Bei höheren Feldstärken nimmt demnach der Widerstand des Plasmas ab. Eine solche fallende Charakteristik führt zu Instabilitäten, wenn die elektrische Feldstärke einen kritischen Wert überschreitet. Die Größe dieser kritischen Feldstärke zeigt Abb. 3; dabei gehen die Parameterwerte an den Kurven von 10^{-12} bis 10^{+6} V/cm. In heißen, sehr dünnen Plasmen kann also schon ein Feld von 10^{-12} V/cm oder etwa 1 Megavolt/Lichtjahr die Anwendbarkeit des Begriffes Leitfähigkeit verbieten.

Aber selbst noch viel kleinere Feldstärken ergeben schon Stromdichten im interstellaren Raum, die bei den riesigen Querschnitten insgesamt durchaus wesentliche Magnetfelder bewirken können, Magnetfelder, die nun ihrerseits wieder von Einfluß auf die Leitfähigkeit selbst sein können. Eine Vorstellung über die zulässige Größe der Magnetfelder, die noch keinen entscheidenden Einfluß auf die Größe der Leitfähigkeit haben, zeigt Abb. 4. Hier ist als Kurvenparameter, der von 10^{-12} bis 10^{+6} Oe reicht, diejenige magnetische Feldstärke angegeben,

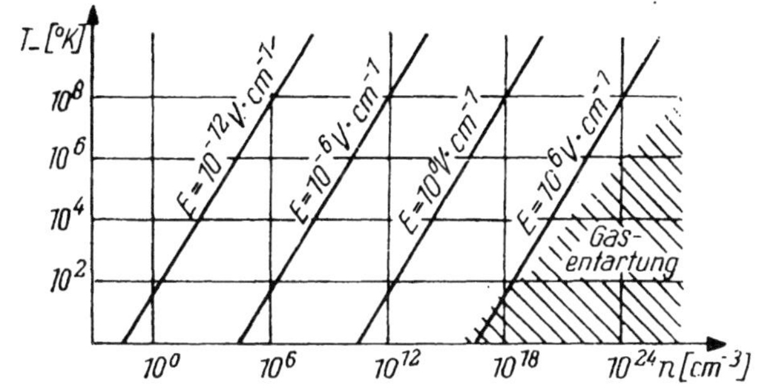

Abb. 3. Kritische elektrische Feldstärken in Abhängigkeit von Konzentration und Elektronentemperatur

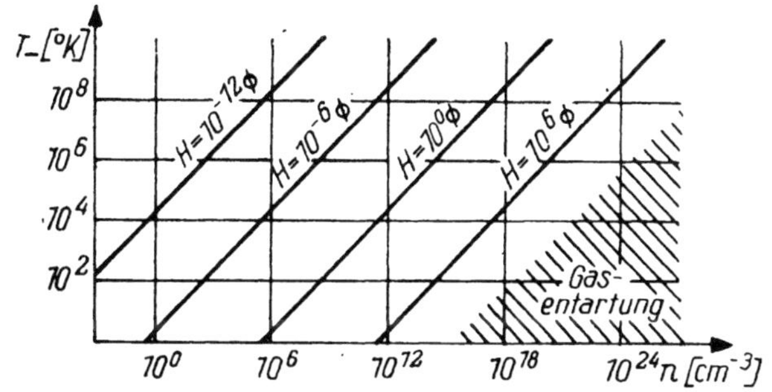

Abb. 4. Kritische magnetische Feldstärken in Abhängigkeit von Konzentration und Elektronentemperatur

bei welcher der durch dieses Feld bewirkte Krümmungsradius der Elektronenbahnen gleich der freien Weglänge ist. Nach Durchfliegen dieser Strecke hat ein Elektron durch wiederholte Coulomb-Streuungen ohnehin die Erinnerung an die frühere Flugrichtung verloren.

Interstellare Magnetfelder der Größe 10^{-6} Oe, wie sie wegen der Polarisation des Sternenlichtes mindestens in Teilgebieten der Galaxis vermutet werden müssen, können also schon sehr wesentlichen Einfluß auf die Leitfähigkeit der interstellaren Materie ausüben.

Aus direkter Beobachtung kosmischer Gasnebel wissen wir, daß dort die Materie großräumig turbulent mit Geschwindigkeiten strömt, die mit Zehnern oder sogar Hunderten von km/sec sicher nicht durchweg zu hoch angesetzt sind; etwas Ähnliches müssen wir für die nicht sichtbare interstellare Materie annehmen. Ein in diesem Raum vorhandenes Magnetfeld wird durch das leitende Plasma weitgehend mitgeschleift, sofern die LORENTZ-Kräfte $\mathfrak{v} \times \mathfrak{B}$ zu geschlossenen Wirbelströmen im Plasma führen, und das ist, von sehr gekünstelt angenommenen Konfigurationen abgesehen, immer der Fall. Im allgemeinen besitzt das Feld dieser LORENTZ-Kräfte allerdings Divergenzen und führt damit zu einer gebietsweisen Anhäufung elektrischer Ladungen, d. h. zu lokalen relativ kleinen Abweichungen von der Quasineutralität. Das hierdurch gebildete elektrische Potentialfeld kann durchaus Feldstärken von 10^9 und mehr Volt/Lichtjahr aufweisen, wenn das eingeschlossene Magnetfeld von der Größenordnung 1 μOe ist, und zwar über Längen, die größenordnungsmäßig größer sind als ein Lichtjahr.

Noch ein anderer elektrische Felder erzeugender Mechanismus soll kurz erwähnt werden. Wenn eine Plasmawolke quer zu einem Magnetfeld wandert, so daß durch Induktion Wirbelströme entstehen, werden diese Ströme und damit die elektrodynamische Bremsung der Bewegung im wesentlichen durch Elektronenströme bewirkt, da ja die freien Elektronen den entscheidenden Anteil an der Plasmaleitfähigkeit ausmachen. Die kinetische Energie der Wolke wird aber von den Ionen getragen bzw. von den durch Impulsaustausch fast ausschließlich mit den Ionen gekoppelten Neutralgasteilchen. Die elektrodynamische Bremsung nur der Elektronen führt deswegen zu einem Zurückbleiben der Elektronen gegenüber den weiterfliegenden Ionen plus Neutralgas, also zu einer teilweisen Ladungsentmischung und daher wieder zum Aufbau eines elektrischen Feldes, das in diesem Fall eine antiparallel zur Flugrichtung stehende Komponente enthält. Durch dieses Feld werden dann die Ionen und über die Ionen auch die Neutralgasteilchen gebremst und die Elektronen nachgezogen, und dieses Feld kann insbesondere bei stark mit Neutralgas beschwerten Plasmawolken größer sein als das sich allein durch Divergenzen in $\mathfrak{v} \times \mathfrak{B}$ aufbauende Potentialfeld. Diese Methode einer Spannungserzeugung kann übrigens in magnetohydrodynamischen Generatoren einmal für uns auf der Erde sogar technische Bedeutung erhalten.

Eine genügend großräumige turbulente Strömung der interstellaren Materie selbst in einem nur sehr schwachen Magnetfeld erzeugt demnach ein elektrisches Potentialfeld mit hohen Potentialdifferenzen, dessen Stärke und Verlauf mit der Zeit stark schwanken. Außerdem treten natürlich auch elektrische Wirbelfelder mit in sich geschlossenen Feldlinien auf als Folge der zeitlichen Änderung des vom turbulenten Plasma mitgeschleppten und deformierten Magnetfeldes. — Bei sehr guter ohmscher Leitfähigkeit des Plasmas ($\sigma \to \infty$) folgt aus der Grundgleichung für die (notwendig endlich bleibende) Stromdichte $\mathfrak{j} = \sigma\,(\mathfrak{E} + \frac{1}{c}\,\mathfrak{v} \times \mathfrak{B})$ sofort $\mathfrak{E} \approx -\frac{\mu}{c}\,\mathfrak{v} \times \mathfrak{H}$. Dabei ist $\mathfrak{v}$ der lokale Geschwindigkeitsmittelwert der Plasmateilchen. Schnelle geladene plasmafremde Korpuskeln, die von außen kommen, durchstoßen den Raum im wesentlichen ohne andere Wechselwirkung mit dem dünnen Plasma als der Beschleunigung oder Bremsung durch das zeitlich und örtlich wogende elektrische Feld. Dabei sind Teilchen- und Plasmageschwindigkeiten in dem Koordinatensystem zu messen, in welchem der Strahlungsdetektor ruht. Das statistische Resultat einer großen Anzahl solcher beschleunigenden oder bremsenden Elementarakte — von denen ein einzelner allerdings Jahrhunderte dauern kann — ist ein breites Energiespektrum, dieser Korpuskeln, das bis zu Energien von größenordnungsmäßig mehr als 10^{12} eV selbst bei einfach geladenen Korpuskeln reicht. Dieser Mechanismus zur Erzeugung einer weitgehend isotrop durch den Kosmos fliegenden korpuskularen Strahlung ist sicher wirksam, wenn Magnetfelder der angegebenen Größe im interstellaren Raum tatsächlich durchweg vorhanden sind; wie weit dieser Prozeß allerdings als die wesentliche Quelle der kosmischen Strahlung angesehen werden kann, soll hier nicht untersucht werden.

Um von derartigen qualitativen Aussagen über Vorgänge im Plasma zu quantitativen Ergebnissen zu kommen, ist im allgemeinen ein außerordentlich großer Rechenaufwand nötig, wenn man nicht sehr einschneidende Vereinfachungen in den Voraussetzungen anbringt. Eine der wirksamsten, aber natürlich auch den Gültigkeitsbereich sehr begrenzende Vereinfachung ist die Beschränkung auf das ebene Problem, bei dem die interessierenden Größen — z. B. elektrische oder magnetische Feldstärken, Ströme, Strömungsgeschwindigkeiten — zwar von x, y und der Zeit, aber nicht von der dritten Raumkoordinate z abhängen. Bei dem gleich folgenden Problem ist darüber hinaus das strömende Plasma sogar noch als inkompressibel angenommen; das Plasma wird wie eine Flüssigkeit mit einer konstanten substanzeigenen ohmschen Leitfähigkeit σ behandelt. Es soll gezeigt werden, daß dann die Makroleitfähigkeit eines irgendwie turbulenten Plasmas immer kleiner ist als die substantielle Leitfähigkeit σ, die wir weiterhin auch Mikroleitfähigkeit nennen. Was Makroleitfähigkeit bedeuten soll, zeigt am besten Abb. 5, die die x,y-Ebene darstellt; in z-Richtung setzt sich alles unverändert beliebig weit fort.

Zwei Elektroden 1 und 2 tauchen in eine den ganzen Raum erfüllende leitende Flüssigkeit. Eine Spannungsquelle bewirkt einen Stromdurchgang; aus Spannung, Strom und der Geometrie läßt sich die Leitfähigkeit der Flüssigkeit bestimmen. Wenn die Flüssigkeit ruht, erhält man so die substantielle Leitfähigkeit σ. Wenn die Flüssigkeit aber irgendwie turbulente Strömungen mit sich im Endlichen schließenden Strömungslinien enthält, wie es das Bild für einen Teil des Gebietes andeutet, wird der zwischen den Elektroden übergehende Strom in jedem Fall kleiner. Die Makroleitfähigkeit ist also kleiner als die substantielle, im kleinen natürlich nach wie vor ihren Wert behaltende Mikroleitfähigkeit σ.

Diese Rechnung wollen wir als Beispiel durchführen. Wegen der angenommenen Inkompressibilität der strömenden Materie ist div $\mathfrak{v} = 0$. $\mathfrak{v}$ läßt sich also darstellen als Rotation eines Vektorpotentials $\mathfrak{A}$. Da die Strömung nur x- und y-Komponenten haben soll, hat der Vektor $\mathfrak{A}$ nur eine z-Komponente $A(x, y, t)$, wobei dann $v_x = \frac{\partial A}{\partial y}$ und $v_y = -\frac{\partial A}{\partial x}$ wird. Außerhalb des Turbulenzgebietes verschwinden v_x und v_y und damit die örtlichen Ableitungen von A; dort gilt also $A = \text{const}\ (t)$. Das vom Strom bewirkte Magnetfeld $\mathfrak{H}$ hat im ebenen Problem nur eine z-Komponente $H_z(x, y, t)$. Dadurch, daß die leitende Flüssigkeit senkrecht zum Magnetfeld strömt, entstehen LORENTZ-Kräfte $\mu \cdot \mathfrak{v} \times \mathfrak{H}$, die in jedem Fall Wirbelströme erzeugen. Das elektrische Stromlinienbild — die Überlagerung von Potential- und Wirbelströmen — wird also durch die Flüssigkeitsströmung verformt. Wir können ein in gleicher Weise verformtes Stromlinienbild natürlich auch bei ruhenden Plasmen — ohne jede Strömung — auf ganz andere Weise erzwingen, wenn wir nämlich den Elektrodenzwischenraum längs der Stromlinien dieses Feldes durch eine Schar isolierender, unendlich dünner Flächen zerschneiden. Dadurch würden wir dann allerdings in jedem Fall den Gesamtwiderstand zwischen den Elektroden erhöhen, weil ja bei stromdichteunabhängiger Leitfähigkeit nach dem THOMSONschen Satz das sich frei, also ohne Schnitte einstellende Stromfeld immer den kleinstmöglichen Widerstandswert ergibt. Durch diese Schnitte würden

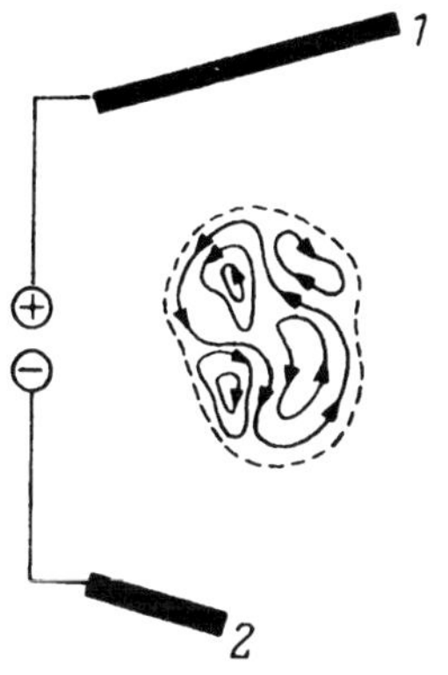

Abb. 5 Zum elektrischen Makrowiderstand eines turbulent strömenden Mediums

wir also den Gesamtstrom erniedrigen; aber in diesem Schnittmodell ist dann ja der Anteil der LORENTZ-Kräfte an der elektromotorischen Kraft auch nicht berücksichtigt. Aber dieser Anteil der LORENTZ-Kräfte an der den Strom treibenden elektromotorischen Kraft verschwindet tatsächlich auch in dem eigentlichen Versuch, d. h. in dem unzerschnittenen, aber turbulent strömenden Leiter, so daß unser Modell mit dem durch isolierende Schnitte zerteilten Elektrodenzwischenraum tatsächlich den korrekten und also immer erhöhten Makrowiderstand ergibt.

Abb. 6 zeigt die kurze Rechnung, die zu diesem Ergebnis führt.

Ebenes Problem

	Komponente	x	y	z
1. Inkompressible Strömung $\operatorname{div} \mathfrak{w} = 0$	$\mathfrak{w} =$	$\frac{\partial A}{\partial y}$	$-\frac{\partial A}{\partial x}$	0
2. Magnetfeld nur senkrecht zur x-y-Ebene	$\mathfrak{H} =$	0	0	$H_z(x,y,t)$
3. Stromdichte $\mathfrak{j} = \frac{c}{4\pi} \operatorname{rot} \mathfrak{H}$ (Verschiebungsstrom vernachläss.)	$\mathfrak{j} =$	$\frac{c}{4\pi}\frac{\partial H_z}{\partial y}$	$-\frac{c}{4\pi}\frac{\partial H_z}{\partial x}$	0

$\mathfrak{j} \cdot \operatorname{grad} H_z = 0$; auf Stromlinien $H_z = \mathrm{const}\,(t)$.

$$[\mathfrak{w}\mathfrak{B}] = \mu\,[\mathfrak{w}\mathfrak{H}] = -\mu H_z \operatorname{grad} A;$$

$$\int_1^2 [\mathfrak{w}\mathfrak{B}]\, d\mathfrak{s} = -\mu \int_1^2 H_z \operatorname{grad} A\, d\mathfrak{s}$$

auf Stromlinie $= -\mu H_z \int_1^2 \operatorname{grad} A = -\mu H_z (A_2 - A_1)$

Wenn 1 und 2 außerhalb der Wirbelzone: $A_1 = A_2 = \mathrm{const}$

$$\int_1^2 [\mathfrak{w}\mathfrak{B}]\, d\mathfrak{s} = 0$$

Abb. 6. Zum elektrischen Makrowiderstand eines turbulent strömenden Mediums

In der Tabelle sind noch einmal die Komponenten der Vektoren $\mathfrak{v}$, $\mathfrak{H}$ und der Stromdichte $\mathfrak{j}$ dargestellt, wobei die letzteren sich einfach aus der MAXWELLschen Gleichung bei Vernachlässigung des Verschiebungsstromes ergeben. Man rechnet sofort nach, daß das skalare Produkt von $\mathfrak{j}$ und grad H_z verschwindet, daß also grad H_z senkrecht auf $\mathfrak{j}$ steht und daher H_z

längs einer Stromlinie konstant bleibt. Weiter ergibt sich durch Einsetzen der Werte aus der Tabelle sofort die Identität $\mathfrak{v} \times \mathfrak{B} = -\mu H_z \operatorname{grad} A$. Will man den Anteil der LORENTZ-Kräfte an der den Strom treibenden elektromotorischen Kraft bestimmen, muß man $\mathfrak{v} \times \mathfrak{B}$ längs einer Stromlinie von Elektrode zu Elektrode integrieren. Da hierbei H_z konstant bleibt, erhält man für $\int_1^2 [\mathfrak{v} \times \mathfrak{B}]\, d\,\mathfrak{s}$ dann einfach $-\mu H_z(A_2 - A_1)$ und wenn, wie angenommen, die Elektroden 1 und 2 außerhalb des Wirbelgebietes liegen, wird A_1 gleich A_2, und damit verschwindet tatsächlich der Beitrag der LORENTZ-Kräfte zur elektromotorischen Kraft.

Ein genau analoges Resultat kann man ähnlich einfach für den Magnetfluß ableiten; im ebenen Fall wird sowohl die elektrische als auch die magnetische Makroleitfähigkeit durch jede Turbulenz unter die substanzeigenen Mikrowerte gesenkt; so wird also turbulentes Plasma diamagnetisch. Für den räumlichen Fall ergibt sich ebenfalls im allgemeinen eine Änderung dieser beiden Leitfähigkeiten; doch muß es dann nicht notwendig eine Erhöhung des Widerstandes sein. Es gibt dann sogar Strömungsbilder, die als Generator, also als negativer Widerstand wirken können, die also allein aus der mechanischen Energie der Plasmaströmung elektrische Ströme und Magnetfelder aufbauen können.

Wenn man in einem großen, durchweg gleichmäßig stark turbulenten Plasmagebiet über Dimensionen mittelt, die zwar klein sind gegenüber der Gesamtausdehnung des Plasmas, aber groß gegenüber einer einzelnen Wirbelzone, erhält man Werte für elektrische und magnetische Makroleitfähigkeiten, die unter Umständen sogar größenordnungsmäßig anders sein können als die substantiellen Mikrowerte; aber man kann mit diesen phänomenologischen Makrowerten wieder in völlig gewohnter Weise rechnen, etwa analog den üblichen elektrisch oder magnetisch leitenden Substanzen, bei denen man auch nicht zu atomaren Dimensionen hinabsteigen darf, wenn man die phänomenologischen Leitfähigkeitswerte benutzt. Unter Umständen kann sich dabei herausstellen, daß die elektrische Makroleitfähigkeit und/oder die Makropermeabilität aufhören, skalare Größen zu sein und sich als Tensoren erweisen. Das bedeutet dann, daß die Plasmen im Makroskopischen anisotrop geworden sind in der Art, daß makroskopisch elektrische Feldstärke und Leitungsstrom oder Magnetfeld und Magnetfluß nicht mehr die gleiche Richtung aufweisen. Solche Anisotropien in den Makrowerten treten immer dann auf, wenn in dem Strömungsbild des turbulenten Plasmas gewisse Vektoren des Strömungsfeldes bei der Mittelung nicht verschwinden, wenn also z. B. viele begrenzte kleine Plasmagebiete alle im gleichen Umlaufsinn rotieren, oder auch, wenn eine Makroströmung des Plasmas mit nicht verschwindendem rot $\mathfrak{v}$ vorhanden ist. Der dabei auftretende Tensorcharakter von μ und σ kann zu bisher kaum beachteten Wirkungen führen, von denen im Folgenden einige kurz besprochen werden sollen.

In ein einfaches Beispiel für eine ohmsche Leitfähigkeit mit Tensorcharakter in einem strömenden Plasma soll Abb. 7 einführen.

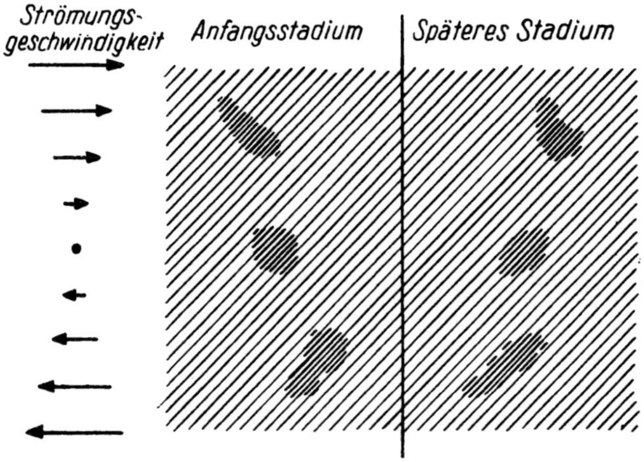

Abb. 7. Gestaltsänderungen von Inhomogenitäten in einer scherend strömenden Flüssigkeit

Hier ist ein Ausschnitt aus einem großen Plasmagebiet dargestellt, welches eine horizontale scherende Makroströmung ausführt mit Geschwindigkeiten, wie sie die links gezeichneten Pfeile andeuten.

Innerhalb dieses Plasmas gibt es — in der Abbildung dichter schraffiert gezeichnet — mitschwimmende Zonen, die eine irgendwie andere Leitfähigkeit haben sollen als das übrige Plasma. Diese Zonen können z. B. Turbulenzgebiete mit geänderter Makroleitfähigkeit sein, sie können eine andere Temperatur oder auch eine andere substantielle Zusammensetzung haben; sie sind auf irgendeine Weise entstanden und klingen dann entweder durch innere Reibung oder durch Wärmeleitung oder durch Diffusion ab, wobei sie sich in ihren Eigenschaften mit der Umgebung ausgleichen. Gleichgültig, wie die ursprüngliche Form dieser Zonen war: Im Strömungsfeld nehmen sie mit der Zeit eine längliche von links unten nach rechts oben weisende Form an, wie ein Vergleich der beiden „Momentbilder" erkennen läßt. Wenn auch diese Gebiete in statistisch unregelmäßiger Form und Lage ständig neu entstehen und nach einiger Zeit wieder verschwinden: Diese schräg zur Strömungsrichtung liegende Faserstruktur der Leitfähigkeit bildet sich in jedem Falle mehr oder weniger aus. Das bedeutet einen besonders kleinen ohmschen Widerstand für Ströme in dieser Richtung, eine Anisotropie in der Makroleitfähigkeit und führt, gleichgültig ob die Zonen besser oder schlechter leiten als die Umgebung, dazu, daß ein senkrecht nach oben zeigendes elektrisches Feld einen Strom erzeugt, der im Uhrzeigersinn gegenüber diesem Feld verdreht ist, wogegen ein horizontal liegendes elektrisches Feld einen gegen den Uhrzeigersinn verdrehten Strom führt. Denkt man sich ständig und rein zufällig solche besser und schlechter als das Grundplasma leitende Zonen in das Medium hinein„regnen", wobei der Mittelwert der Leitfähigkeit ungeändert bleiben soll; nimmt man dann an, daß die Zonen bei der Entstehung zwar eine beliebige, also z. B. auch längliche Form haben, daß aber keinerlei

Richtung für die langen Achsen bei der Entstehung bevorzugt wird, nimmt man schließlich noch an, daß diese Zonen durch Diffusionsausgleich der Leitfähigkeit mit den bewegten Grundmedien wieder verschwinden, dann ist der Leitfähigkeitstensor tatsächlich exakt ausrechenbar, wobei dies allerdings nur möglich war durch Verwendung eines modernen Rechenautomaten. Es ergibt sich ein symmetrischer Tensor. Nur für zwei schräg zur Strömung liegende Richtungen liegen die zeitlich und örtlich gemittelten Vektoren der elektrischen Feldstärke und des Stromes zueinander parallel. — Eine andere Wirkung der gleichen scherenden Makroströmung eines Plasmas, das dieses Mal allerdings als homogen und inkompressibel angenommen ist, zeigt Abb. 8. Es wird wieder ein ebenes Problem behandelt. In der Strömung des Plasmas schwimmt ein senk-

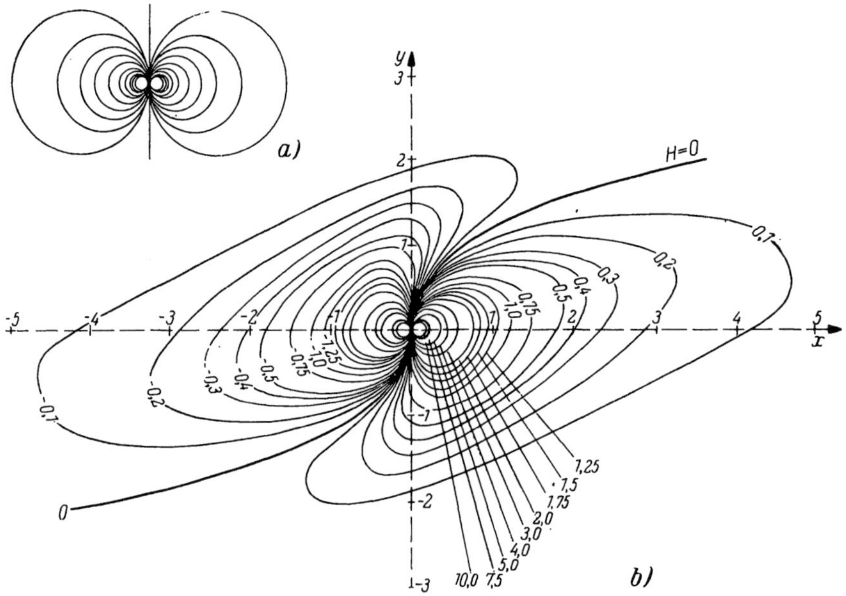

Abb. 8. Feldlinienbild eines magnetischen Dipols im ebenen Fall
a) in einem ruhenden Medium
b) in einem scherend strömenden elektrisch leitenden Medium

recht nach oben zeigender magnetischer Dipol mit, den man sich entweder als irgendwie im Plasma entstandenen Ringstrom vorstellen kann oder als eine kleine Zone abweichender Permeabilität — etwa durch lokale Turbulenz bedingt — in einem ausgedehnten, sonst homogenen, nach oben zeigenden Magnetfeld. Links oben ist das bekannte Dipolfeld des ebenen Problems zum Vergleich mit eingezeichnet, wie es in einer ruhenden Umgebung aussehen würde. Durch die scherende Strömung wird das Dipolfeld in der gezeichneten Weise verzerrt. Auch die Durchrechnung dieses Feldbildes mit seiner ohne weiteres ersichtlichen Anisotropie wäre trotz der außerordentlich weitgetriebenen Vereinfachungen in den Voraussetzungen ohne die Anwendung eines Rechenautomaten nicht möglich gewesen. Die Verzerrung des Magnetfeldes übt ein Drehmoment auf den Dipol aus und führt daher zu einer Verdrehung des Dipols. Wenn das Medium viele solcher mitschwimmender Dipole — im Mittel homogen auf das Volumen verteilt — enthält, bekommt seine Permeabilität also Tensorcharakter. Ähnlich ist die Sachlage für einen in Strömungsrichtung liegenden mitschwimmenden Dipol. Es gibt noch viele Mechanismen mehr, welche in einem turbulenten Plasma die phänomenologischen Materialeigenschaften wie Leitfähigkeit, Permeabilität und Dielektrizitätskonstante makroskopisch zu Tensoren werden lassen, obwohl diese Größen mikroskopisch Skalare bleiben. Auch die über größere Gebiete gemittelten physikalischen Eigenschaften fester Körper können ja z. B. infolge Gitterstörungen in Kristallen oder Korngrenzen durchaus anders sein als die Eigenschaften mikroskopischer Bezirke; betrachtet man aber nur genügend große Bereiche solcher Festkörper, so kann man mit sinngemäß gemittelten Größen etwa für Festigkeit, Leitfähigkeit usw. ohne weiteres in üblicher Weise rechnen. Genauso kann man ein über große Gebiete genügend gleichmäßig turbulentes Plasma wieder als makroskopisch einheitliche Substanz ansehen, muß dann aber die Makrowerte bei den sonst ungeändert bleibenden Rechnungen benutzen, und diese Makrowerte können sich nicht nur quantitativ, sondern auch qualitativ von den Mikrowerten wesentlich unterscheiden. Natürlich kann man auf diese Weise nur genügend großräumige Vorgänge behandeln; und schon daraus ist ersichtlich, daß ein wichtiges Anwendungsgebiet dieser Methode im astrophysikalischen Bereich liegt, obwohl es auch bei vielen irdischen Problemen, vor allem bei Plasmen extremer Bedingungen, nützlich sein kann, sich dieser Möglichkeit zu bedienen.

Der Tensorcharakter der elektrischen und magnetischen Leitfähigkeiten führt in den üblichen MAXWELLschen Gleichungen zu tiefgreifenden Folgen. Während diese Gleichungen bei skalarem Charakter von σ, μ und ε elektrische oder magnetische Felder nur mit dazu senkrecht stehenden magnetischen oder elektrischen Feldern bzw. deren Ableitungen koppeln, treten bei tensoriellem Charakter auch Kopplungen zwischen elektrischen und magnetischen Feldern gleicher Richtung auf. Das führt z. B. dazu, daß bei HERTZschen Wellen der POYNTINGsche Vektor nicht mehr senkrecht auf der Wellenfront stehen muß; es ergeben sich überhaupt grundsätzlich neue Möglichkeiten für Schwingungsvorgänge, ja selbst für eine monotone zeitliche Zunahme elektromagnetischer Größen, gespeist aus der mechanischen Energie des Plasmas. Die Tensorkomponenten sind eben nicht einfach Folgen eines Gleichgewichtszustandes, sondern Folgen von sich im Plasma abspielenden Vorgängen, deren Energieinhalt thermodynamisch ganz andere Wirkungen als bei Gleichgewichtszuständen zuläßt.

Ein Beispiel für einen hiermit verständlich werdenden Schwingungsvorgang ist die periodische Sonnenaktivität mit ihrem 2·11jährigen Zyklus der Sonnenfleckenhäufigkeit. Hier soll aber nur noch ein anderer Prozeß kurz behandelt werden, der kosmologisch sich vielleicht als wichtig erweisen kann.

Es wurde hier schon mehrfach auf die Bedeutung schwacher, ausgedehnter Magnetfelder im interstellaren Raum hingewiesen. Wenn diese Magnetfelder erst einmal entstanden sind, ist es leicht einzusehen, daß sie bei der hohen Leitfähigkeit des interstellaren Plasmas auch erhalten bleiben. Aber gerade diese hohe Leitfähigkeit macht es für die Magnetfelder schwierig, sich überhaupt auszubilden bzw. in das Plasma einzudringen. Es gibt zwar an sich genug Möglichkeiten für die Entstehung von Strömen und deshalb auch von Magnetfeldern als Folge von im Plasma wirksamen Spannungsquellen. So sind z. B. ausgedehnte Plasmagebiete mit örtlich unterschiedlichen Dichten und Temperaturen Thermoelemente; im turbulenten Plasma sind die Strömungsgeschwindigkeiten von Ionen- und Elektronengas wegen der unterschiedlichen Viskositäten dieser Gase nicht genau gleich und ergeben daher auch bei Quasineutralität einander nicht völlig kompensierende Elektronen- und Ionenkonvektionsströme. Aber all diese Prozesse liefern nur eine um viele Größenordnungen zu kleine elektromotorische Kraft, um in einigen Milliarden Jahren Felder auch nur von einigen μOe über Querschnitte von wenigen Quadrat-Lichtjahren aufzubauen; nicht der ohmsche, sondern der induktive Widerstand begrenzt die Größe des tatsächlich fließenden Stromes.

Daher soll als letztes Problem dieses Vortrages noch auf eine Form turbulenten Plasmas eingegangen werden, die als selbsterregte Dynamomaschine ein extrem schwaches, etwa zunächst nach den genannten Prozessen entstandenes Anfangs-Magnetfeld auf die nach Beobachtungen wahrscheinliche Größenordnung verstärken kann. Dazu muß allerdings noch der vermutlich überhaupt wirksamste Prozeß zur Erzeugung einer tensoriellen magnetischen Permeabilität besprochen werden.

In Abb. 9 soll der stark ausgezogene Kreis ein z. B. kugelförmiges Plasmagebiet darstellen, das um die senkrecht gezeichnete Achse in der angegebenen Weise rotiert; die Umgebung ruht. Ein beliebig schwaches, von links nach rechts gerichtetes, irgendwie durch äußere, nicht gezeichnete Ströme erzeugtes Magnetfeld durchsetzt den ganzen Raum; der Einfachheit halber sei von Skin-Effekten zunächst abgesehen. Die

Rotation im Magnetfeld ergibt LORENTZ-Kräfte, wie sie, links in der Kugel nach oben, rechts nach unten zeigend, durch Pfeile angedeutet sind. Diese LORENTZ-Kräfte ergeben Wirbelströme, und diese erzeugen ein senkrecht zur Bildebene stehendes magnetisches Moment, liefern also eine quer zum Ausgangsfeld gerichtete magnetische Polarisation. Für den Fall, daß der Raum außerhalb der Kugel elektrisch nicht leitet, wurde das magnetische Quermoment bereits von H. HERTZ berechnet. Leitet aber der nichtrotierende Außenraum, so bilden sich auch in diesem Wirbelströme aus, von denen in Abb. 9 einige ange-

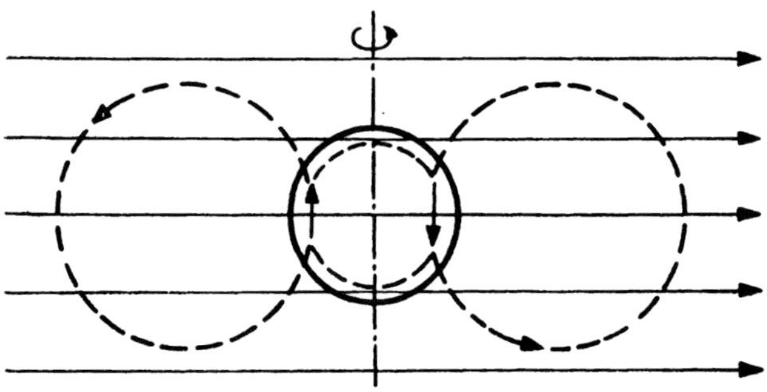

Abb. 9. Rotation einer leitenden Kugel in leitender Umgebung. LORENTZ-Kräfte infolge der Anwesenheit eines Magnetfeldes und mögliche Strombahnen

deutet sind. Die Berechnungen sind komplizierter und zur Zeit noch nicht abgeschlossen. Eine magnetische Querpolarisation tritt jedoch auch dann auf.

Wenn ein großes Plasmagebiet viele solcher gleichsinnig rotierenden Teilgebiete enthält, ergibt sich durchweg auch eine quer zu $\mathfrak{H}$ liegende Magnetisierungskomponente, d. h. ein antisymmetrischer Tensor für μ, der leicht zu berechnen ist, wenn der Außenraum sehr schlecht leitet.

Abb. 10 soll zeigen, wie ein auf diesem Effekt beruhender selbsterregter Plasmagenerator grundsätzlich aussehen könnte; wie er in der Natur vielleicht wirklich auftritt, wird später gezeigt.

Eine Plasmaplatte der Dicke d in x-Richtung soll in statistisch gleichmäßiger Verteilung solche Rotationsgebiete enthalten, bei denen ein bestimmter Drehsinn um eine Achse in x-Richtung dominiert, so daß die Permeabilität ein Tensor wird. In y- und z-Richtung sei die Plasmaplatte beliebig ausgedehnt. Das Plasmagebiet soll außerdem eine scherende Makroströmung in y-Richtung ausführen mit einem zu z proportionalen v_y; ω^* ist der als konstant angenommene Proportionalitätsfaktor entsprechend der Gleichung rechts oben. Außerhalb der Platte soll der Raum so schlecht leiten, daß wir ihn als Isolator betrachten. Eine solche Plasmaplatte kann als selbsterregter Generator wirken, der nur Magnetfelder in y- und z-Richtung aufweist.

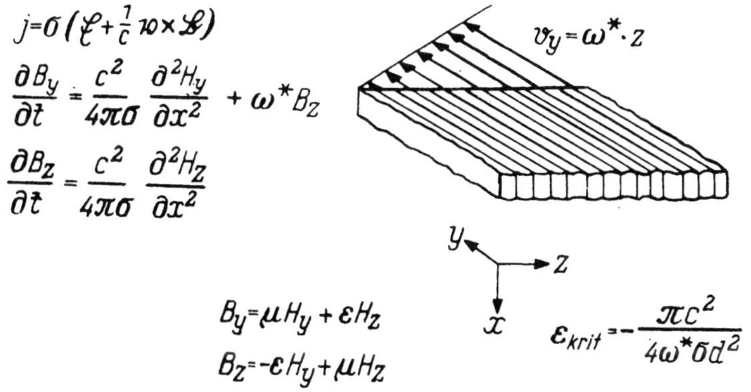

Abb. 10. Zum Modell eines selbsterregten Generators

Qualitativ ist dies leicht einzusehen. Es sei z. B. ein Magnetfluß in z-Richtung aus irgendwelchen Gründen vorhanden. Die Makrobewegung des Plasmas in y-Richtung ergibt dann Lorentz-Kräfte in x-Richtung, welche die Leitungselektronen um so stärker nach oben treiben, je größer die Geschwindigkeit v_y ist, also um so mehr, je größer z ist. In unserem Bild werden die Elektronen für positives z alle nach oben, für negatives z nach unten gedrückt. Das führt zu einem in der Platte kreisenden Elektronenstrom in der x, z-Ebene, der ein Magnetfeld in y-Richtung bewirkt. Dieses Feld H_y erzeugt wegen des Tensorcharakters von μ dann auch einen Magnetfluß in z-Richtung, führt also bei richtigem Verdrehungssinn des Magnetflusses durch den Tensorcharakter von μ zu unserer Ausgangsannahme zurück.

Mit den MAXWELLschen Gleichungen und dem ohmschen Gesetz in der Form $\mathfrak{j} = \sigma\,(\mathfrak{E} + \frac{1}{c}\,\mathfrak{v} \times \mathfrak{B})$ ergeben sich sofort die beiden darunter angeschriebenen Differentialgleichungen für die beiden $\mathfrak{B}$- und $\mathfrak{H}$-Komponenten. Wenn man $\mathfrak{B}$ durch $\mathfrak{H}$ nach dem darunter aufgeschriebenen tensoriellen Ansatz ersetzt, entsteht ein homogenes Gleichungssystem für H_y und H_z, dessen Determinante verschwinden muß. Daraus ergibt sich als Eigenwert die Zeitkonstante des Anklingens bzw. Abklingens der Magnetfelder. Die Gleichung, die die Bedingung für die Selbsterregung dieses Plattengenerators angibt, aufgelöst nach der Plattendicke d, lautet

$$d^2 \geqq \left(-\frac{1}{\omega^* \cdot \varepsilon}\right)\frac{\pi\, c^2}{4\,\sigma}\,.$$

Sie ist nur dann erfüllbar, wenn $\omega^* \cdot \varepsilon$ negativ ist, wenn also die Flußverdrehung durch den Tensorcharakter der Permeabilität gegenläufig zu ω^* ist. Ist aber diese Voraussetzung erfüllt, so gibt es für beliebige Werte von ε, ω^* und σ immer eine endliche Plattendicke d, die zur Selbsterregung führt. Die Zeitkonstante des exponentiellen Anstieges der Magnetfelder ist für die kritische Plattendicke unendlich, nimmt mit steigenden d bis zu einem Minimum ab und geht mit $d \to \infty$ wieder gegen unendlich.

Es ergibt sich sofort die Frage, ob derartige Plasmageneratoren in der Natur tatsächlich auftreten, ob es also genügend großräumige Plasmagebiete mit der erforderlichen scherenden Makroströmung und gleichzeitiger Wirbelbildung vieler kleiner Gebiete mit dem notwendigen Drehsinn gibt. Möglichkeiten hierzu sind sicher denkbar. So kann man erwarten, daß ein genügend schnell und mit breitenabhängiger Winkelgeschwindigkeit rotierender Fixstern mit einer sonnenähnlichen turbulenten Plasmazone in seinem äußeren Gebiet wie ein derartiger Generator wirkt und dabei ein zeitlich konstantes Magnetfeld mit Polen in der Nähe der Rotationspole erzeugt. Die scherende Makroströmung ergibt sich aus der unterschiedlichen Winkelgeschwindigkeit der Rotation; die vielen kleinen, systematisch rotierenden Zonen sind die auf- und absteigenden Plasmagebiete in der äußeren Turbulenzzone des Sternes, die — jeweils wie ein meteorologisches Hoch oder Tief auf der Erde — durch Coriolis-Kräfte zu Wirbeln gerade mit dem jeweils richtigen Drehsinn werden.

Es erscheint aber durchaus möglich, daß ein Plasmagenerator dieser Art in noch weit grandioserem Ausmaß in der Natur verwirklicht ist, nämlich bei der Entstehung von Spiralnebeln.

In Abb. 11 soll die Zeichnung links oben die Aufsicht auf eine linsenförmige rotierende Gasmasse darstellen, ein auch sonst vermutetes Vorstadium eines sich bildenden Sternensystems. Die Umlaufgeschwindigkeit nimmt den Beobachtungen entsprechend nach außen ab, wobei diese Abhängigkeit im einzelnen noch davon abhängt, ob sich im Zentrum eine „Zentralsonne" oder eine ähnliche Massenhäufung ausbildet, die in der Zeichnung allerdings nicht vorgesehen ist.

Die radiusabhängige Winkelgeschwindigkeit ergibt dann eine scherende Makroströmung der Gasmassen, in der Abbildung durch verschieden lange, tangential gerichtete Pfeile angedeutet. — Wenn im Laufe der weiteren Entwicklung die Gasmasse sich um zahlreiche Zentren sammelt — die späteren Fixsterne — werden diese Gebiete aus Gründen der Drehimpulserhaltung im allgemeinen nicht nur weiter an dem Umlauf um das Zentrum des Gesamtsystems teilnehmen, sondern auch um ihre eigene Achse rotieren. Durch die Kondensation der Materie werden diese Zentren in bekannter Weise heiß und dadurch leitend. Wir erhalten also genau die für einen Generator erforderliche Konfiguration des Plasmas. Wenn in diesem System vollständige Rotationssymmetrie herrscht (auch in den Anfangsbedingungen für ein schwaches Anfangsmagnetfeld), läßt sich ein solches Generatormodell leicht durchrechnen. In Abb. 11 ist rechts oben das sich dabei ergebende Feld des magnetischen Flusses gezeichnet, wobei zwar die Richtung des Flusses willkürlich, die Feldgeometrie dagegen zwangsläufig ist. Diese vollkommene Symmetrie ist aber sicher ein nie realisierter

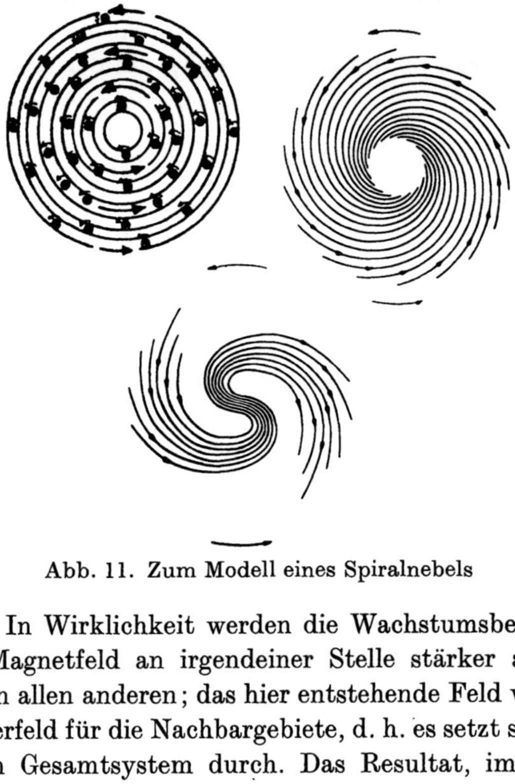

Abb. 11. Zum Modell eines Spiralnebels

Idealfall. In Wirklichkeit werden die Wachstumsbedingungen für ein Magnetfeld an irgendeiner Stelle stärker ausgeprägt sein als an allen anderen; das hier entstehende Feld wirkt dann als Erregerfeld für die Nachbargebiete, d. h. es setzt sich letzten Endes im Gesamtsystem durch. Das Resultat, im einzelnen quantitativ vorerst kaum nachrechenbar, wird dann etwa das Aussehen des unteren Bildes in Abb. 11 annehmen. Dieses Magnetfeld wird im Laufe der Zeit durch die Rotation des Plasmas weiter aufgewickelt; es hemmt den Durchtritt der kreisenden plasmaförmigen, noch nicht kondensierten Materie, so daß diese sich in den Armen des Magnetfeldes ansammelt: Es ergibt sich ein Spiralnebel mit zweistrahliger Struktur und einem Magnetfeld in Richtung der Spiralarme. Ob dieser Vorgang wirklich eine ausreichende Erklärung für die Entstehung von Spiralnebeln liefern kann, ist ohne sehr umfangreiche und im einzelnen komplizierte Rechnungen heute noch nicht zu entscheiden.

Nach dem hier vorgetragenen Mechanismus gibt es für diesen Vorgang einen optimalen Größenbereich der beteiligten Materiemenge — zu kleine Gasnebel ergeben überhaupt keine Selbsterregung, zu große ergeben nur einen langsamen Anstieg des Magnetfeldes, der keinen Einfluß auf die Struktur der sich kondensierenden Materie hat. Dadurch könnte verständlich werden, daß Spiralnebel nur in einem begrenzten Größenintervall auftreten.

Zusammenfassung

Ausgedehnte, im Mittel überall gleich stark turbulente Plasmen können bei Mittelung über Gebiete, die klein sind gegen die Gesamtausdehnung des Plasmas, aber groß gegen die Dimensionen einer einzelnen Wirbelzone, als „makroskopisch“ einheitliche Substanz behandelt werden, ähnlich wie sich in üblichen Substanzen Leitfähigkeiten, Permeabilitäten, Festigkeiten usw. phänomenologisch definieren lassen, solange die betrachteten Gebiete groß gegen atomare Dimensionen bleiben. Diese Makrowerte der elektrischen und magnetischen Leitfähigkeiten turbulenter Plasmen können größenordnungsmäßig anders sein als die eigentlichen der Substanz selbst zugehörenden üblichen („Mikro“-)Werte. Bei gewissen Strömungsformen werden diese Makrowerte Tensoren, obwohl die Mikrowerte Skalare bleiben. An einigen, vor allem astrophysikalischen Anwendungen werden zum Teil qualitativ neuartige Auswirkungen des Tensorcharakters dieser Makrowerte gezeigt.

Literaturangaben

[1] SPITZER, L., Physics of fully ionized gases. Interscience Publ., New York-London 1956.

[2] BIERMANN, L., Relations between plasma physics and astrophysics. Rev. Mod. Phys. **32**, 4, 1008 (1960).

[3] BIERMANN, L., Über den Ursprung der Magnetfelder auf Sternen und im interstellaren Raum. Z. f. Naturforsch. **5a**, 2, 65 (1950).

[4] BIERMANN, L., Entstehung von Magnetfeldern in bewegtem Plasma. Ann. Phys. **6**, 10, 413 (1952).

[5] SCHLÜTER, A. u. BIERMANN, L., Interstellare Magnetfelder. Z. f. Naturforschung **5a**, 5, 237 (1950).

[6] STEENBECK, M., Skizze zu einer magnetohydrodynamischen Theorie der Sonnenflecken-Vorgänge. Beitr. aus der Plasmaphysik **1**, 153 (1961).

[7] PARKER, E. N., The formation of sonspots from the solar toroidal field. Astrophysik. J. **121**, 491 (1955).

[8] PARKER, E. N., Hydromagnetic dynamic models. Astrophys. J. **122**, 293 (1955).

[9] SWEET, P. A., The effect of turbulence on a magnetic field. Monthly Notices of the Royal Astronomical Soc. **110**, 69 (1950).

[10] SCADA, J. K., On the magnetic effects of turbulence in ionized gases. Acta Physica Hung., **1**, 235 (1952).

[11] LOCHTE-HOLTGREVEN, W. u. SCHILLING, P., Über das Auftreten von Magnetfeldern in rotierenden Plasmen. Naturwissenschaften **40**, 387 (1953).

[12] CAMMERER, F., Über elektrische Ströme in fließendem Quecksilber, hervorgerufen durch Diffusion der Leitungselektronen. Z. Phys. **160**, 219 (1960).

[13] v. WEIZSÄCKER, C.-F., Evolution of galaxis and stars. Ap. J. **114**, 165 (1951).

Bei Fragen zur Produktsicherheit wenden Sie sich bitte an:
If you have any questions regarding product safety,
please contact:

Walter de Gruyter GmbH
Genthiner Straße 13
10785 Berlin
productsafety@degruyterbrill.com